Tezera Moshago
Yosef Gebreyohannes
Mekitie Wondafrash

Disparidade rural urbana no estado nutricional das raparigas adolescentes

Tezera Moshago
Yosef Gebreyohannes
Mekitie Wondafrash

Disparidade rural urbana no estado nutricional das raparigas adolescentes

ScienciaScripts

Imprint
Any brand names and product names mentioned in this book are subject to trademark, brand or patent protection and are trademarks or registered trademarks of their respective holders. The use of brand names, product names, common names, trade names, product descriptions etc. even without a particular marking in this work is in no way to be construed to mean that such names may be regarded as unrestricted in respect of trademark and brand protection legislation and could thus be used by anyone.

Cover image: www.ingimage.com

This book is a translation from the original published under ISBN 978-3-659-87027-9.

Publisher:
Sciencia Scripts
is a trademark of
Dodo Books Indian Ocean Ltd. and OmniScriptum S.R.L publishing group

120 High Road, East Finchley, London, N2 9ED, United Kingdom
Str. Armeneasca 28/1, office 1, Chisinau MD-2012, Republic of Moldova, Europe
Managing Directors: Ieva Konstantinova, Victoria Ursu
info@omniscriptum.com

Printed at: see last page
ISBN: 978-620-8-60839-2

Reconhecimento

Em primeiro lugar, gostaríamos de expressar o nosso mais profundo agradecimento ao Dr. Mekite Wondafrash, Professor Associado de Nutrição e ao Sr. Alemayehu Argaw, professor de Nutrição na Universidade de Jimma, pela sua ajuda exaustiva e pormenorizada e pelos comentários e conselhos positivos que nos deram durante a preparação deste trabalho de investigação.

Os nossos sinceros agradecimentos à Professora Tefera Belachew, por ter disponibilizado os melhores materiais.

Os nossos agradecimentos vão também para o Gabinete de Saúde da Zona de Bench Maji, por nos ter fornecido instrumentos de medição antropométrica. Finalmente, agradecemos aos colectores de dados e aos participantes do estudo que nos deram o seu tempo, ideias e experiências e com quem aprendemos muito sobre o que é ser adolescente no distrito rural e urbano de Mizan Zuria.

ÍNDICE DE CONTEÚDOS

Acrónimos

BMI	Body Mass Index
BAZ	Body Mass Index Z-score
CI	Confidence Interval
EDHS	Ethiopian Demographic and Health Survey
ETB	Ethiopian Birr
FAO	Food and Agricultural Organization
FANTA	Food and Nutrition Technical Assistance
FMoH	Federal Ministry of Health
GA	Gynecological Age
HAZ	Height for Age Z-score
JU	Jimma University
LBW	Low Birth Weight
NGO	Non- Governmental Organizations
PAS	Proportional Allocation to Size
PPS	Probability Proportional to Size
SCN	Standing Committee on Nutritional
SEA	South East Asia
SNNPR	South Nations and Nationalities Peoples Region
SPSS	Statistical Package for Social Sciences
SRS	Simple Random Sampling
UNCEF	United Nation Children's Emergency Fund
USA	United States of America
WHO	World Health Organization

Resumo

Antecedentes: Os problemas nutricionais que ocorrem durante a adolescência têm consequências importantes para o crescimento e desenvolvimento futuros dos indivíduos, especialmente nas raparigas. No entanto, nos países em desenvolvimento, os adolescentes, especialmente as raparigas, correm o risco de sofrer de malnutrição, o que limita o desenvolvimento de todo o seu potencial. Na Etiópia, apesar da preocupação dos profissionais de saúde pública, a prioridade da nutrição foi sempre dada às crianças com menos de cinco anos e às mulheres em idade fértil. Há falta de informação sobre o estado nutricional das raparigas adolescentes na Etiópia. Por conseguinte, este estudo foi realizado para ajudar a colmatar a falta de dados e para fornecer informações que permitam aos responsáveis pelo planeamento da saúde e aos decisores políticos melhorar a situação.

Métodos: Foi utilizado um estudo comparativo transversal com o objetivo de avaliar a disparidade urbano-rural no estado nutricional das raparigas adolescentes nas escolas públicas do distrito de Mizan Zuria, no sudoeste da Etiópia. Foi utilizado um processo de amostragem em duas fases para selecionar aleatoriamente 622 raparigas adolescentes, 311 de cada localidade urbana e rural. Os trabalhadores no terreno formados utilizaram questionários estruturados para obter a informação desejada dos inquiridos. As medidas antropométricas de altura e peso foram recolhidas utilizando procedimentos normalizados e medidas de controlo de qualidade adequadas. As pontuações Z da altura para a idade e do IMC para a idade foram geradas utilizando o software AnthroPlus, enquanto o SPSS versão 16 foi utilizado para a análise. As médias e as proporções foram comparadas por residência utilizando o teste t de amostras independentes e os testes do qui-quadrado, respetivamente. A regressão linear multivariada foi utilizada para identificar os factores de previsão dos índices nutricionais. Os valores de p-valor inferiores a 0,05 foram utilizados para declarar a significância estatística. **Resultados:** Verificou-se uma disparidade significativa entre o estado nutricional urbano e rural. As pontuações Z médias do IMC para a idade e da altura para a idade foram significativamente mais elevadas nas raparigas urbanas do que nas suas homólogas rurais, com uma diferença média de 0,18 (IC 95%, 0,02 -

0,34) e 0,58 (IC 95%, 0,45 - 0,72), respetivamente. Verificou-se uma diferença significativa na prevalência de atraso de crescimento nos adolescentes rurais (40,9%) em comparação com os urbanos (17,8%). No entanto, não foram encontradas diferenças significativas na prevalência de baixo peso e excesso de peso das raparigas adolescentes nos grupos rural e urbano (22,3% vs 26,5% e 5,2% vs 7,5%, respetivamente). O consumo de cereais, legumes, doces, açúcares, gorduras, carne e ovos foi semelhante entre os dois grupos, embora tenham sido encontradas ligeiras diferenças no que respeita ao consumo de leguminosas, leite e fruta.

Conclusão: O duplo fardo da malnutrição foi observado tanto em ambientes urbanos como rurais em diferentes níveis de prevalência. A disparidade mais evidente entre as duas populações foi o atraso de crescimento, que prevaleceu significativamente na população rural. Por conseguinte, há uma necessidade urgente de estratégias para resolver problemas nutricionais graves nas adolescentes rurais e para melhorar a nutrição das adolescentes no meio urbano, uma vez que se trata de um problema intergeracional.

Palavras-chave: raparigas adolescentes, disparidade rural urbana, estado nutricional, atraso no crescimento, obesidade, peso insuficiente, Etiópia

1. Introdução

1.1 Informações de base

O mundo alberga mais de 1,2 mil milhões de indivíduos com idades compreendidas entre os 10 e os 19 anos, constituindo cerca de 18% da população mundial, dos quais 86% vivem em países em desenvolvimento [1, 2]. A adolescência, o período de transição entre a infância e a idade adulta, é um dos períodos mais dinâmicos do desenvolvimento humano, caracterizado por mudanças físicas, cognitivas, sociais e emocionais dramáticas [3, 4]. Este período é conhecido como o período mais notável de crescimento e desenvolvimento na vida humana, a seguir aos primeiros anos de nascimento, quando são atingidos cerca de 20% da altura final do adulto e 50% do peso do adulto. A massa óssea aumenta em 45%, ocorre uma remodelação óssea dramática e os tecidos moles, os órgãos e a massa de glóbulos vermelhos aumentam de tamanho [5-7].

Como resultado de todo este rápido crescimento e mudança, as necessidades nutricionais atingem o seu pico na adolescência[8, 9]. Os défices de macronutrientes ou micronutrientes podem prejudicar o crescimento e atrasar a maturação física e sexual[1-3]. As necessidades totais de nutrientes são mais elevadas durante a adolescência do que em qualquer outra altura do ciclo de vida [3]. Estes jovens em crescimento formam a geração futura, pelo que a sua saúde e bem-estar são cruciais para todas as nações. Por conseguinte, a ingestão adequada de nutrientes é importante para apoiar o crescimento físico do corpo e para prevenir futuros problemas de saúde[2, 8].

O Fundo das Nações Unidas para a Infância (UNICEF) reconhece que as adolescentes do sexo feminino são mais susceptíveis a dificuldades nutricionais do que os adolescentes do sexo masculino[1]. É por isso que as raparigas adolescentes se preparam para as exigências nutricionais da gravidez e da lactação que vão experimentar mais tarde na sua vida[10, 11].

Qualquer deficiência nutricional registada durante este período crítico da vida pode ter um efeito sobre a saúde futura do indivíduo e da sua descendência[11]. Existem provas bem estabelecidas de que as crianças nascidas de mulheres baixas e magras têm mais probabilidades de serem elas próprias raquíticas e de terem peso a menos[11, 12]. Por conseguinte, é preocupante o facto de os efeitos negativos da subnutrição na adolescência persistirem ao longo da vida reprodutiva da mulher. A literatura sugere a melhoria do estado nutricional das raparigas adolescentes como uma forma de quebrar o ciclo intergeracional da subnutrição [5, 11].

Conceptualmente, a subnutrição é uma condição resultante da ingestão inadequada de alimentos ou de mais nutrientes essenciais que resulta na deterioração do crescimento físico e da saúde. A inadequação é relativa aos alimentos e nutrientes necessários para manter uma boa saúde, assegurar o crescimento e permitir uma escolha de níveis de atividade física, incluindo os níveis de trabalho socialmente necessários. Este estado de subnutrição reduz, por conseguinte, a capacidade de trabalho e a produtividade dos adultos e aumenta a mortalidade e a morbilidade das crianças. Esta redução da produtividade traduz-se numa redução da capacidade de ganho, que conduz a uma maior pobreza, e o ciclo vicioso da pobreza e da subnutrição continua [1, 4, 11]. Assim, o estado nutricional de uma população é fundamental para o bem-estar do desenvolvimento de uma nação.

1.2 Declaração do problema

Nos últimos anos, foi reconhecido o papel da nutrição no desenvolvimento físico e mental, na produtividade e na duração dos anos de trabalho, que influenciam o desenvolvimento socioeconómico. A literatura demonstrou repetidamente que o estado nutricional durante a adolescência é um fator determinante importante dos resultados em termos de saúde numa idade mais avançada [11, 13, 14]. Por conseguinte, o preço da inadequação nutricional sob a forma de fome e de subnutrição é muito elevado, uma vez que a subnutrição reduz a produtividade do trabalho e a capacidade de aprendizagem, uma vez que os adultos raquíticos, menos instruídos e com problemas mentais são menos produtivos [14, 15].

As raparigas adolescentes, como não são crianças nem adultas, muitas vezes não são consideradas na agenda de desenvolvimento da nação, enquanto a puberdade é uma altura em que as liberdades e oportunidades dos rapazes se expandem, pelo contrário, as raparigas enfrentam muitas vezes restrições e marginalização na maioria dos contextos devido a factores socioculturais [6, 16, 17]. As raparigas sofrem desvantagens devido ao seu género. A restrição e a marginalização agravam-se nas zonas rurais, onde mais de 85% das raparigas vivem, caracterizadas por estruturas sociais e culturais muito rígidas [8]. Nas zonas rurais, as normas sociais e culturais que afectam os papéis de género estão frequentemente mais enraizadas nas raparigas[1, 6]. Enquanto os rapazes são muitas vezes cobiçados devido ao papel que se espera que desempenhem como chefes de família e provedores, as raparigas são vistas como membros temporários da família, porque se juntam a outra família quando casam. Quando os recursos familiares são escassos, os rapazes são frequentemente considerados mais valiosos e dignos de investimento [6]. A carga de trabalho das raparigas adolescentes rurais é especialmente pesada[18]. Recentemente, também os comerciantes urbanos enfrentam problemas de subsistência do agregado familiar devido à rápida urbanização e ao aumento da pobreza urbana.

As raparigas adolescentes precisam de aproximadamente 2.200 calorias por dia, o que representa um aumento significativo em relação às necessidades da infância[19]. São também mais propensas a dificuldades nutricionais do que os rapazes por factores biológicos, porque é uma altura de preparação para as exigências nutricionais da gravidez e da lactação que as raparigas podem vir a ter mais tarde na vida [8].

O problema nutricional das raparigas adolescentes persiste ao longo da vida reprodutiva da mulher e passa para os seus descendentes, tendo um efeito duradouro ao longo da geração que agrava o preço da subnutrição [1, 2, 7]. Por conseguinte, o investimento nas oportunidades das raparigas adolescentes pode ter um impacto positivo no desenvolvimento das suas famílias e contribuir para uma melhoria a longo prazo da redução da pobreza [1, 2].

A Etiópia é um país com uma população maioritariamente jovem. A projeção do censo de 2007 mostra que cerca de 25% da população total do país corresponde à faixa etária dos 10-19 anos [20]. O problema nutricional das raparigas adolescentes é maior no segmento rural desfavorecido da população [17]. Num estudo de base comunitária realizado no Norte da Etiópia, 57% das raparigas adolescentes estavam subnutridas na comunidade rural em 2009 [21].

Um relatório sobre o estado nutricional das raparigas adolescentes a nível nacional em 2010 mostrou que as raparigas adolescentes na Etiópia rural têm cerca de duas vezes mais probabilidades de serem raquíticas e de terem peso a menos do que as suas homólogas urbanas [17]. Em termos relativos, o diferencial urbano-rural na saúde e no estado nutricional está mais bem estabelecido nas crianças e na população adulta, ao passo que pouco se sabe sobre o estado nutricional das raparigas adolescentes e ainda menos sobre as diferenças urbano-rurais na Etiópia. Mulugeta et'al 2009, no norte da Etiópia, em , apenas sobre raparigas adolescentes rurais[22], o que carece de contrapartidas urbanas, e os principais inquéritos comunitários DHS, que não incluem adolescentes com menos de 15 anos, estão disponíveis no país. Este estudo foi, portanto, realizado para resolver este problema, obtendo informações sobre a disparidade do estado nutricional entre raparigas adolescentes com idades entre os 11 e os 19 anos que vivem em comunidades rurais e urbanas no distrito de Mizan zuria, no sudoeste da Etiópia. Os resultados obtidos devem fornecer informações importantes para o planeamento futuro, a fim de ajudar a prevenir a desnutrição e também melhorar o desenvolvimento das raparigas adolescentes na Etiópia.

1.3 Importância do estudo

O potencial das raparigas adolescentes para se tornarem parceiras e líderes na transformação económica é inegável [6]. No entanto, a adolescência é um período em que o mundo se contrai frequentemente para as raparigas e em que as disparidades entre os sexos em termos de oportunidades e expectativas se tornam particularmente pronunciadas [5, 6]. Apesar dos problemas de saúde definitivos que possam ter, e sendo a adolescência a última oportunidade para corrigir o atraso de crescimento e a subnutrição, é comum observar que os adolescentes não acedem aos serviços específicos, especialmente para as raparigas adolescentes [6, 34]. Como resultado, nos países em desenvolvimento, como a Etiópia, um grande número de crianças e adolescentes não consegue atingir todo o seu potencial de crescimento genético. Por conseguinte, responder às necessidades nutricionais dos adolescentes é um passo importante para quebrar o ciclo vicioso da desnutrição intergeracional [5, 14]. A prevenção da subnutrição reveste-se de especial importância para as raparigas adolescentes; como se vê, o seu potencial resulta em maus resultados na gravidez, em particular no baixo peso à nascença e, consequentemente, no aumento do risco de mortalidade infantil.

A informação sobre os níveis absolutos e as tendências no que diz respeito ao estado nutricional das raparigas adolescentes é relevante para a conceção, o início ou a modificação de programas de intervenção. No entanto, há uma escassez de dados sobre o estado nutricional e a magnitude dos diferenciais urbano-rurais das raparigas adolescentes na Etiópia em geral e no distrito de Mizan Zuria em particular. Supomos que a escassez de informação sobre a desnutrição das raparigas adolescentes tem limitado o desenvolvimento de estratégias de intervenção destinadas a melhorar o estado nutricional das raparigas.

Assim, este estudo forneceu dados substanciais sobre o nível do estado nutricional das raparigas adolescentes e a magnitude das disparidades urbano-rurais na Etiópia. A informação fornecida contribuiria para as actividades de prevenção da desnutrição e de promoção da saúde; apoiaria os esforços dos decisores políticos e dos responsáveis pelo planeamento da saúde, apoiaria e promoveria a cooperação entre as diferentes partes interessadas no sentido de iniciar um programa sustentável de nutrição e de promoção da saúde para as raparigas adolescentes.

2. Revisão da literatura

Tal como está exaustivamente documentado em diferentes publicações, a adolescência, especialmente nas raparigas, é uma altura em que o corpo se prepara para as exigências nutricionais da gravidez, da lactação e das pesadas cargas de trabalho que as raparigas irão em breve experimentar. As raparigas adolescentes são, assim, particularmente vulneráveis aos efeitos da malnutrição [6, 9, 11]. Várias literaturas indicam que as adolescentes com baixo peso podem não atingir o seu potencial antes da primeira gravidez e é provável que dêem à luz um bebé mais pequeno do que as suas homólogas com mais de vinte anos, devido a uma função placentária mais fraca e à competição por nutrientes entre a adolescente em crescimento e o feto em crescimento [14, 23]. Vários estudos indicam que um estado nutricional deficiente durante a adolescência é um fator determinante dos resultados em termos de saúde numa idade mais avançada.

De acordo com a literatura, os adolescentes são considerados relativamente saudáveis em comparação com outros grupos do ciclo de vida e apresentam tendências de morbilidade e mortalidade sensivelmente semelhantes nos países desenvolvidos e em desenvolvimento [1, 14]. Por conseguinte, recebem muito pouca atenção e, consequentemente, a compreensão do problema da subnutrição e da melhor forma de o gerir é limitada [11]. A OMS reconhece que os adolescentes continuam a ser uma população negligenciada, difícil de medir e difícil de alcançar. Como resultado, a subnutrição e as más condições de saúde resultantes de causas evitáveis afectam desproporcionadamente o bem-estar de milhões de pessoas no mundo em desenvolvimento[21]. Atualmente, este grupo está a atrair a atenção do mundo, pelo que a OMS desenvolveu a referência de crescimento da OMS de 2007 para crianças e adolescentes, que simplifica o problema da medição e é utilizada para a avaliação do estado nutricional das raparigas adolescentes no nosso estudo[24].

2.1 Estado nutricional dos adolescentes

A literatura utilizou o estado nutricional de um país como o padrão de vida da nação.

Este é expresso como sendo normal, atrofiado, magro, com excesso de peso e vítima de deficiências de micronutrientes. De acordo com a literatura, a disponibilidade de alimentos, a sensibilização para a nutrição, os rendimentos dos indivíduos, os preços dos alimentos, as importações de alimentos, a produção local de alimentos, o ambiente do país, a ingestão alimentar e a utilização dos alimentos dependem do estado fisiológico do corpo, que, por sua vez, é influenciado pela situação ambiental, pela acessibilidade à água potável e pelo estado de morbilidade que é o resultado de inadequações [4]. É o resultado de uma inter-relação complexa entre factores ambientais e sociais e o indivíduo numa comunidade[8].

As medições fiáveis da gordura corporal são necessárias em estudos epidemiológicos e populacionais para a gestão de problemas relacionados com a nutrição, tanto em adultos como em adolescentes. A antropometria é o método mais utilizado para avaliar o tamanho, a forma e a composição do corpo humano, sendo não invasivo e pouco dispendioso. De acordo com o Comité Permanente de Nutrição (SCN) da OMS, a malnutrição é um termo geral que indica uma falta ou um excesso de alguns ou de todos os elementos nutricionais necessários para a saúde humana[12].

Não existe um número global definitivo e atempado que mostre quantas pessoas estão subnutridas. De acordo com o relatório da Organização das Nações Unidas para a Alimentação e a Agricultura (FAO), mais de 925 milhões de pessoas estavam subnutridas em 2010 [19]. Quase todas as pessoas subnutridas se encontravam em países em desenvolvimento, 70% na Ásia e 26% em África [19, 21].

Como se pode ver em vários documentos, a nutrição das mulheres continua a ser um problema mundial. Mas isso só será resolvido se a saúde e a nutrição das mulheres forem colocadas no contexto do ciclo de vida e não em compartimentos discretos[11, 25, 26]. A UNICEF reconheceu que a saúde e a nutrição das mulheres são afectadas por complexos factores socioculturais, psicológicos, biológicos e relacionados com os serviços de saúde que estão altamente inter-relacionados ao longo do seu ciclo de vida [1, 25]. O mau estado nutricional durante a adolescência é um importante fator determinante dos resultados em termos de saúde numa idade mais avançada [8].

Diversos trabalhos da literatura estabeleceram que a baixa estatura dos adolescentes resultante de uma subnutrição crónica está associada a uma redução da massa corporal magra e a deficiências na força muscular, na capacidade de trabalho e na capacidade de aprendizagem [12, 15]. Relatórios da Índia, Bangladesh, Nepal e Myanmar mostraram que 32%, 48%, 22% e 39% dos adolescentes, respetivamente, eram raquíticos, e 53%, 67%, 36% e 32% eram magros[4].

2.1.1 Diferenças urbanas e rurais no estado nutricional das raparigas adolescentes

Está bem documentado que as comunidades urbanas oferecem aos residentes uma quantidade diversificada de recursos, como invenções de saúde e centros de educação[27]. São o centro das actividades políticas e económicas, bem como um ponto de encontro para fins de entretenimento, que chegam aos habitantes urbanos através da informação. Mas para muitos agregados familiares urbanos pobres, uma combinação de factores adversos nas suas comunidades pode torná-los mais vulneráveis financeiramente do que os agregados familiares rurais, uma vez que a dependência dos agregados familiares urbanos de uma economia de dinheiro está relacionada com a pobreza devido a um fraco emprego informal[28].

O relatório do Sudeste Asiático mostrou que o estado de saúde e nutricional dos adolescentes era mau e que as mulheres estavam em maior desvantagem e eram mais afectadas nas comunidades rurais [4]. Outro estudo de base comunitária na Índia indicou que a prevalência de peso insuficiente e de atraso de crescimento era elevada tanto nos adolescentes rurais como nos urbanos, sendo a magnitude e a gravidade mais elevadas na população rural do que na urbana [29]. Vários estudos mostraram que o estado nutricional da população rural era pior do que o da população urbana[17, 18, 30].

Em África, a subnutrição é um problema de saúde pública conhecido, associado a um aumento substancial do risco de mortalidade e de morbilidade com a desvantagem do género rural.

Um estudo sobre a idade reprodutiva de mulheres de 26 países africanos, incluindo a Etiópia, mostrou que as mulheres rurais têm 68% mais probabilidades de serem subnutridas do que as suas homólogas urbanas[31]. Na Etiópia, pouco se sabe sobre o estado nutricional das raparigas adolescentes. De acordo com a literatura recente, 26% das mulheres em idade reprodutiva na Etiópia estão subnutridas, o que é o dobro da média subsariana de 13,3%[21]. Um estudo transversal de base comunitária realizado sobre o estado nutricional das raparigas adolescentes nas comunidades rurais do norte da Etiópia mostrou que a prevalência de atraso de crescimento e magreza era de 26,5% e 58,3%, respetivamente[22].

Outro estudo realizado em 2005 mostrou que as raparigas rurais são indiferentes[18].

2.2 Determinantes do estado nutricional dos adolescentes

A literatura mostra repetidamente que a desnutrição é causada por uma combinação de factores como o baixo rendimento, o analfabetismo, um ambiente pouco saudável, serviços de saúde insatisfatórios, hábitos alimentares inadequados, baixa produtividade agrícola e outros[4, 8, 32]. A discriminação em função do género, a pobreza, a falta de educação, as práticas alimentares inadequadas, as crenças irracionais, os tabus alimentares que impedem o consumo de certos alimentos e a má distribuição interfamiliar dos alimentos são razões frequentemente referidas para o mau estado nutricional das raparigas adolescentes[8].

2.2.1 Frequência das refeições e diversidade da dieta

Um estudo transversal realizado com adolescentes entre os 14 e os 16 anos no Paquistão mostrou que 79% tomavam o pequeno-almoço regularmente, o que tinha uma boa influência no seu estado nutricional, 82,8% almoçavam regularmente em todos os dias da semana e tinham um melhor estado nutricional e o jantar era a principal refeição do dia e 83,8% jantavam regularmente[16]. Na Etiópia, a insegurança alimentar e os problemas com ela relacionados são comuns, embora haja escassez de dados sobre esta questão.

2.2.2 Atividade física

A atividade física tem vários efeitos positivos na saúde dos adolescentes e no bom estado nutricional/peso normal. É provável que as alterações nos padrões de atividade física e a experiência de estilos de vida mais sedentários sejam factores importantes subjacentes ao estado nutricional dos adolescentes[4, 8]. Receia-se que o aumento do nível de sedentarismo dos adolescentes esteja a reduzir o gasto energético, enquanto a ingestão de energia permanece inalterada[4].

2.2.3 Casamento precoce e gravidez

Uma adolescente grávida com uma IG (idade ginecológica) de dois anos ou menos pode ainda estar num período de crescimento e terá necessidades acrescidas de nutrientes em comparação com uma adolescente que tenha terminado o seu crescimento [4, 8]. De acordo com o SCN, OMS, em 2006, estima-se que 25% das mulheres tenham o seu primeiro filho na adolescência a nível mundial [12]. Um estudo indica que as mães adolescentes suportam uma dupla carga fisiológica: uma que envolve o seu próprio crescimento e desenvolvimento, e outra que envolve o crescimento e desenvolvimento intrauterino da sua descendência [4].

O casamento infantil é predominante em muitos países em desenvolvimento, especialmente na África Subsariana e na Ásia Central e do Sul, embora com variações. Em África, 77% das mulheres com idades compreendidas entre os 20 e os 28 anos casaram antes dos 18 anos no Níger; 71% no Chade; 22% em Moçambique; e 31% no Togo[32]. No Sul da Ásia, 65% das mulheres com idades compreendidas entre os 20 e os 28 anos casaram antes dos 18 anos no Bangladesh, 48%[23] na Índia e 14% no Sri Lanka7[12].

O casamento precoce é comum na Etiópia, com diferenças de gravidade e magnitude consoante as áreas geográficas e culturais[30]. A prevalência do baixo peso à nascença (LBW) na Etiópia (14%) é uma das mais elevadas do mundo[30]. Um dos principais factores que contribuem para o BPN é o mau estado nutricional das mulheres, tanto antes como durante a gravidez, agravado ainda mais por um ganho de peso inadequado durante a gravidez e pela prevalência de casamentos precoces[14].

Este estudo tinha como objetivo avaliar o estado nutricional e determinar a disparidade urbano-rural no estado nutricional das raparigas adolescentes e forneceu informações substanciais.

2.3 Enquadramento concetual do estudo

O quadro concetual para este estudo foi adotado a partir do quadro concetual da UNICEF para analisar os problemas nutricionais dos adolescentes, independentemente da área geográfica ou do nível de rendimento, após revisão da literatura relevante. A causa imediata central da desnutrição é o acesso à nutrição, tanto em termos de qualidade como de quantidade da dieta. A diversidade da dieta, o nível de atividade física interage com a nutrição para determinar o equilíbrio energético diário de um indivíduo e pode afetar o estado nutricional dos adolescentes. Para os adolescentes, este equilíbrio é especialmente importante, uma vez que necessitam de energia adicional para o seu crescimento e desenvolvimento. O estado de saúde dos adolescentes também interage para alterar o estado nutricional, tanto de forma independente como através do ciclo desnutrição-infeção.

A dimensão e a composição da família podem afetar a disponibilidade de alimentos e a distribuição alimentar no seio do agregado familiar a nível individual. O nível de educação e emprego da família pode desempenhar um papel nos resultados nutricionais. Finalmente, o acesso e a utilização de serviços de saúde, de água potável e de instalações sanitárias são fundamentais para a prevenção e o tratamento de doenças na adolescência que podem afetar o estado nutricional. A localização, o estatuto cultural e socioeconómico são também factores proximais que afectam indiretamente o estado nutricional. A localização residencial do agregado familiar influencia o estado nutricional do adolescente, indiretamente, através da diversidade da dieta, das actividades físicas e da frequência das refeições do adolescente. Os factores intermédios da localização residencial do agregado familiar - educação paterna, ocupação, saneamento e instalações de saúde - são caraterísticas que atribuem a disparidade rural-urbana nos resultados do estado nutricional das adolescentes.

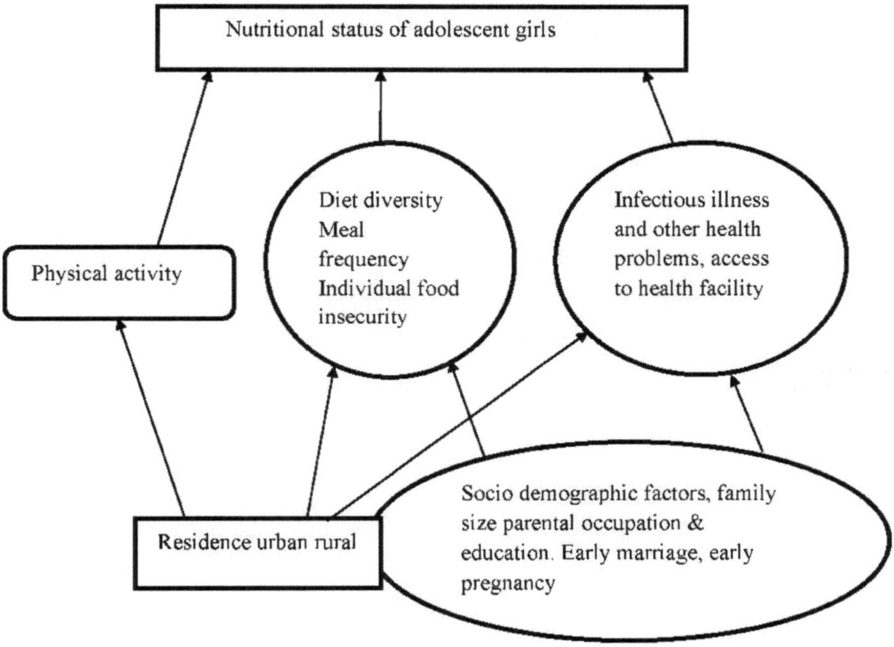

Figura 1: Quadro concetual dos problemas nutricionais e dos factores causais na adolescência, adotado da UNICEF 1999

3. Objectivos

3.1 Objetivo geral

Determinar a disparidade urbano-rural no estado nutricional das raparigas adolescentes em escolas públicas do distrito de Mizan Zuria, no sudoeste da Etiópia.

3.2 Objectivos específicos

1. Avaliar o estado nutricional das raparigas adolescentes urbanas e rurais em idade escolar no distrito de Mizan Zuria.
2. Comparar o estado nutricional entre raparigas adolescentes urbanas e rurais em idade escolar no distrito de Mizan Zuria
3. Identificar os factores de previsão do estado nutricional das raparigas adolescentes no distrito de Mizan Zuria

3.3 Hipótese de investigação

Há diferenças no estado nutricional das raparigas adolescentes escolarizadas dos meios urbano e rural do distrito de Mizan Zuria.

Questão de investigação

Existe uma disparidade urbano-rural no estado nutricional (IMC para a idade, escores z de altura para a idade, altura e peso) das raparigas adolescentes escolarizadas do distrito de Mizan Zuria?

4. Métodos e materiais

4.1 Área e período de estudo

O estudo foi efectuado no distrito de Mizan Zuria. O distrito de Mizan Zuria é um dos 10 distritos administrativos da zona de Bench Maji da SNNPR, situada no sudoeste da Etiópia. É a capital da zona, situada a 556 km a sudoeste de Adis Abeba. Com base na projeção demográfica do recenseamento e da habitação de 2007, o distrito de Mizan Zuria tem uma população total de 155 200 habitantes, dos quais cerca de 37 248 se encontram na faixa etária dos 10 aos 19 anos, com uma relação de um para um entre os sexos [20].

De acordo com o gabinete de educação da zona de Bench Maji, cerca de 98% das raparigas adolescentes que vivem no distrito estavam registadas para frequentar a escola no ano letivo de 2012/13. Existem 29 escolas no distrito, das quais 22 são governamentais e 7 são escolas privadas. Entre estas, 15 escolas públicas têm turmas do 5º ao 10º ano, enquanto 13 têm turmas do 1º ao 4º ano e 1 escola preparatória. Quinze escolas com turmas do 5º ao 10º ano estão distribuídas, respetivamente, sete em zonas urbanas e oito em zonas rurais da cidade. O número total de estudantes do sexo feminino no ano letivo de 2012/13 foi de 19 346 (53%), das quais 11 221 (58%) eram do meio urbano. As pessoas nas partes rurais do distrito, tal como na Zona, dependem economicamente de produtos agrícolas, incluindo café, legumes, beterraba, frutas (laranja, banana, abacate e manga), coleção de especiarias silvestres, culturas de cereais, enquanto a população urbana está principalmente envolvida em actividades comerciais orientadas para o mercado e serviços civis. De um modo geral, a maior parte da zona, em geral, e o distrito de Mizan zuria contam-se entre as zonas de segurança alimentar da SNNPR[35].

Os dados foram recolhidos em fevereiro de 2012, correspondendo à época pós-colheita na Etiópia.

4.2 Conceção do estudo

Foi utilizado um estudo comparativo transversal de base escolar.

4.3 População de origem

Todas as raparigas adolescentes que frequentavam a escola no 5-10th ano escolas públicas dos distritos urbanos e rurais do distrito de Mizan Zuria durante o ano letivo de 2012/13.

4.4 População do estudo:

Amostra de raparigas adolescentes escolarizadas selecionadas da população de origem

4.5. Critérios de elegibilidade

4.5.1. Critérios de inclusão

As adolescentes que frequentavam o ensino regular em escolas públicas urbanas e rurais e apenas do 5° ao 10° ano.

4.5.1. Critérios de exclusão

Foram utilizados os seguintes critérios para excluir participantes do estudo:

- Deformidade física evidente
- Os residentes nas zonas rurais estudam em escolas urbanas

4.6 Determinação da dimensão da amostra

O cálculo do tamanho da amostra foi efectuado utilizando o programa STATCALC do software epidemiológico Epi Info versão 6.2 (Centers for Disease Control and Prevention; http://www.cdc.gov/epiinfo), utilizando fórmulas de tamanho da amostra para comparação de duas proporções populacionais. Os parâmetros utilizados para a determinação do tamanho da amostra basearam-se na prevalência de atraso de crescimento em meio rural e urbano, a partir do relatório do inquérito nacional de base sobre nutrição em 2009/10, que foi de 12% e 28%, em meio urbano e rural, na população de raparigas adolescentes, respetivamente [17].

$$n1 = \frac{[Z_{\frac{\alpha}{2}}\sqrt{\left(1+\frac{1}{r}\right)P(1-P)}+Z_{\beta}\sqrt{p_1(1-p_1)+\frac{p_2(1-p_2)}{r}}]^2}{(p_1-p_2)^2}$$

Em que $p = \frac{(p_{2+}p_1)}{1+r} = 20\%$ Proporção agrupada

n1= amostra mínima na população do grupo um

n2= amostra mínima na população do grupo dois

$n = n1 +$ n2 Dimensão mínima da amostra necessária para os dois grupos

p1= Proporção de raquitismo entre adolescentes em meio rural (28%)

p_2 = Proporção de atraso de crescimento entre adolescentes em meio urbano, (12%)

$Z_{\alpha/2}$ = 1,96 com um nível de confiança de 95%

Z_{β} = 1,28 para uma potência do teste de 90%

r = 1, a proporção do grupo 1 para o grupo 2 (urbano para rural) é considerada igual a 1

$n_1 = n_2 = 141$

A amostra calculada após multiplicação pelo efeito de desenho de 2 e adicionando 10% de taxa de não resposta possível, a amostra final foi de 622 = $n_1 + n_2$

4.7 Processo de amostragem

Foi utilizada uma técnica de amostragem em duas fases para obter uma amostra representativa de todas as estudantes adolescentes do sexo feminino do 5° ao 10° ano das escolas do distrito de Mizan Zuria. O distrito de Mizan Zuria foi estratificado em estratos urbanos e rurais com base na estrutura administrativa do governo. Em seguida, foram identificadas as listas de todas as escolas com qualquer um dos 5-10º(s) anos de escolaridade existentes nos meios urbano e rural, com a ajuda dos funcionários dos serviços distritais de educação. Foram identificadas quinze escolas, sete em meio urbano e oito em meio rural, com qualquer um dos graus da 5ª à 10ª classe. Tendo em conta a disponibilidade de recursos em termos financeiros, de tempo e de logística, foram selecionadas seis escolas, três de zonas urbanas e três de zonas rurais, utilizando a probabilidade proporcional ao número de matrículas, para selecionar um total de 622 (311 cada) raparigas adolescentes urbanas e rurais. As adolescentes incluídas na amostra foram distribuídas com base na probabilidade proporcional ao tamanho de cada escola selecionada, e as participantes foram selecionadas por número aleatório assistido por computador de entre todas as raparigas adolescentes elegíveis (5.ºao 10.º ano) dos livros de registo da respectiva escola, utilizando o número de identificação das raparigas do livro de registo como base de amostragem.

Procedimentos de seleção de escolas por PPS; o número de escolas necessárias do estrato urbano ou rural (ou seja, 3 de cada) para obter o intervalo de amostragem (SI) dividiu a população total de utentes em cada contexto urbano e rural. O primeiro agrupamento foi selecionado multiplicando o intervalo de amostragem por um número decimal aleatório de três dígitos, gerado por computador, entre 0 e 1. O número resultante foi localizado na coluna da população cumulativa e o primeiro agrupamento foi retirado da escola correspondente. Os grupos seguintes foram identificados adicionando o intervalo de amostragem ao número anterior.

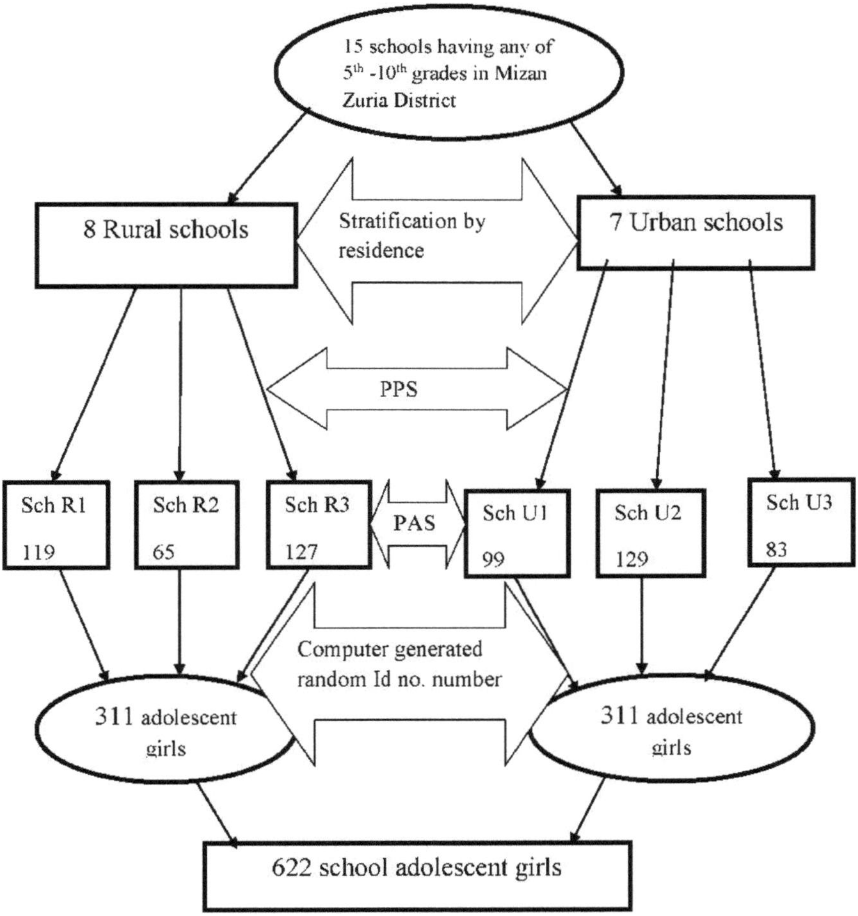

Figura 2: Apresentação diagramática dos procedimentos de amostragem

4.8 Recolha de dados

4.8.1 Instrumentos de recolha de dados:

Os dados foram recolhidos através de um questionário estruturado pré-testado e administrado por um entrevistador, desenvolvido com base na Assistência Técnica em Alimentação e Nutrição (FANTA) de 2006, para a frequência alimentar, a insegurança alimentar individual, as actividades físicas e as tarefas domésticas foram avaliadas através de instrumentos validados pelo JLFSY e modificados para o contexto local, após revisão da literatura relevante, tendo em conta o contexto[17]. O peso foi medido com uma balança digital (SECA 876) com a precisão de 100 g e a altura com a precisão de 1 mm, utilizando um estatómetro (SECA 225). A idade das raparigas foi confirmada a partir dos registos escolares

4.8.2 Colectores de dados:

A medição da altura e do peso foi efectuada por um profissional de saúde com formação em licenciatura. Doze enfermeiros com formação bilingue, fluentes em amárico e na língua local, realizaram as entrevistas presenciais. Um professor das respectivas escolas, que recebeu formação sobre o instrumento de recolha de dados e participou no pré-teste, coordenou o processo de recolha de dados.

4.8.3 Medição:

As informações sociodemográficas dos pais foram avaliadas através de perguntas aos participantes sobre a dimensão da família, o estado civil, a profissão e as habilitações literárias dos pais.

As caraterísticas individuais das adolescentes foram avaliadas através de perguntas como a idade na última data de nascimento, a existência ou não de menstruação e a idade da menarca. A saúde e as práticas relacionadas com a saúde das adolescentes foram avaliadas através de perguntas sobre a presença de doenças como a incidência de doenças comuns, diarreia, tosse e febre, dores de estômago e outras no último mês antes do inquérito. Além disso, foram avaliadas as instalações sanitárias, as fontes de água para uso doméstico e os hábitos de lavagem das mãos.

O hábito alimentar e o consumo alimentar de raparigas adolescentes foram avaliados através do questionário de frequência alimentar para adolescentes (QFA), que consiste em oito grupos de itens alimentares adotado da FANTA 2006. Os itens alimentares foram classificados em sete categorias de consumo: 1 nunca; 2 menos de uma vez por mês; 3 uma a três vezes por mês; 4 uma vez por semana; 5 duas a quatro vezes por semana; 6 uma vez por dia e 7 mais de duas vezes por dia. Os tipos de alimentos foram distribuídos em oito grupos: cereais, verduras e legumes, frutas, leite e derivados, carnes e ovos, leguminosas, óleos e gorduras, açúcar e doces. A frequência das refeições foi avaliada perguntando quantas vezes por dia são tomadas refeições atípicas, ou seja, pequeno-almoço, almoço, jantar e refeições intermédias.

A atividade física foi avaliada utilizando o questionário APARQ (adolescent Physical Activity Recall Questionnaire), mas adotado para incluir a lista de actividades comuns realizadas pelos adolescentes em Mizan. As tarefas domésticas, o exercício físico na escola e os jogos foram medidos perguntando às raparigas adolescentes em quantos dias de uma semana típica se envolviam numa lista de actividades. As actividades incluíam brincar na escola, como saltar com o rolo, jogar jogos de basquetebol, voleibol, cuidar de animais, trabalhar em actividades agrícolas, ir buscar água e combustível, lavar roupa, cuidar de idosos ou crianças, moer cereais e participar em actividades de compra ou venda e durante quanto tempo. A duração respectiva das actividades, em minutos, foi depois somada e utilizada para medir o estado nutricional das raparigas. A lista de actividades, excluindo as actividades escolares, foi utilizada como carga de trabalho doméstico. Além disso, perguntou-se às raparigas a duração do visionamento de televisão/vídeo e outras actividades sedentárias, quando se deitavam à noite e se levantavam de manhã, bem como outras horas de sono, para avaliar o tempo passado em actividades sedentárias.

A insegurança alimentar das raparigas adolescentes foi medida utilizando itens individuais da escala de insegurança alimentar. Pediu-se às raparigas adolescentes que pensassem na sua própria experiência e perguntou-se-lhes se (1) alguma vez se preocuparam em ter comida suficiente, (2) alguma vez tiveram de reduzir a ingestão de alimentos devido à falta de alimentos ou de dinheiro para comprar alimentos (3) alguma vez tiveram de ficar sem comer devido à falta de alimentos ou de dinheiro para comprar alimentos (4) alguma vez tiveram de pedir comida fora de casa nos últimos três meses. Todas as respostas "Sim" foram codificadas como um (insegurança alimentar) e as respostas "Não" foram codificadas como zero (segurança alimentar) [15].

Altura

A altura do indivíduo foi medida utilizando o instrumento de medição de altura portátil de plástico Prestige nº 11440, com capacidade máxima de 2 e precisão de 0,1 cm. Todas as raparigas foram medidas contra a parede do quadro, com os pés descalços e os calcanhares juntos, e a cabeça posicionada de modo a que a linha de visão ficasse perpendicular ao corpo. Uma balança de plástico foi colocada no ponto mais alto da cabeça e foi registada com uma precisão de 0,1 cm.

Peso

A balança eletrónica Seca da UNICEF (modelo 8811021659), com um máximo de 150 kg, d=100 gm) *foi* utilizada para pesar os participantes no estudo, colocados numa tábua dura sobre uma superfície plana e descalços. Foi calibrada e testada regularmente contra pesos de teste conhecidos de 1, 2 e 3 kg. Durante a medição, foram utilizadas roupas leves, na maior parte dos casos uniformes escolares. O seu peso foi registado com uma aproximação de 100 gramas.

4.9 Controlo de qualidade:

A qualidade dos dados foi assegurada durante o desenvolvimento do instrumento, a recolha de dados, a introdução, a codificação e a análise. Os responsáveis pela recolha de dados e os supervisores receberam formação durante dois dias sobre a técnica de recolha de dados. A fim de minimizar os erros entre observadores, a altura e o peso dos participantes foram medidos por um observador duas vezes, tendo sido calculada a média. O questionário foi preparado em inglês e traduzido para amárico, a língua oficial e de aprendizagem da zona. Os responsáveis pela recolha de dados eram falantes bilingues de amárico e da língua local.

Antes do início do estudo propriamente dito, o questionário foi testado em 5% da amostra urbana e rural próxima da área de estudo não selecionada para o estudo e o questionário foi necessariamente modificado após o teste. Os investigadores principais supervisionaram os colectores de dados e o supervisor, cada questionário preenchido foi verificado para verificar se todas as perguntas estavam corretamente preenchidas ou não. A balança foi calibrada e testada regularmente em relação a pesos conhecidos e a balança de altura foi testada em relação a uma balança de teste de comprimento conhecido. Os sapatos e os adornos para o cabelo foram retirados durante a medição da altura e do peso e os alunos usavam uniformes escolares normais. Os valores extremos da pontuação Z fora dos limites ± 6 BAZ e as pontuações z ± 5 HAZ foram excluídos da análise.

4.10 Variáveis de estudo e medição

4.10.1 Variáveis dependentes

Estado nutricional dos adolescentes: medido utilizando as pontuações z da altura para a idade e do IMC para a idade como variável de resultado

4.10.2 Variáveis independentes

- Variáveis sócio-demográficas
- Diversidade do regime alimentar e frequência das refeições
- Atividade física e sedentarismo
- Informações relacionadas com a saúde

4.11 Processamento e análise de dados

4.11.1 Tratamento de dados

Os dados foram verificados manualmente quanto à sua exaustividade e consistência durante a recolha de dados e antes da sua introdução. Em seguida, os dados foram introduzidos no Epi-Info versão 3.5.1. Além disso, foram limpos e depois exportados para o SPSS versão 16 e para o WHO AnthroPlus versão 1.0.3.

4.11.2 Análise de dados

Os dados foram limpos e analisados com recurso ao SPSS. Foi efectuada uma análise univariada e bivariada para compreender as distribuições e a relação entre pares de variáveis, respetivamente. Uma medida antropométrica (idade, altura e peso) foi convertida em índices de estado nutricional, os escores Z de altura para a idade e o IMC para a idade, utilizando o software WHO AnthroPlus versão 1.0.3. Foi utilizada a análise de regressão linear multivariável stepwise para identificar preditores independentes do estado nutricional (IMC-forragem e pontuação Z da altura para a idade) como variável de resultado. A normalidade dos dados foi avaliada visualmente através de um gráfico P-P para as medidas antropométricas (idade, altura e peso) e para a variável dependente altura para a idade e IMC para a pontuação z para a idade. Todas as variáveis tinham uma distribuição normal. As médias e as proporções foram comparadas por residência utilizando o teste t de amostras independentes e os testes do qui-quadrado, respetivamente, após determinar a distribuição dos dados para dados contínuos. Toda a significância estatística foi declarada com um valor de p inferior a 0,05.

Os dados de referência de crescimento da criança e do adolescente da OMS de 2007 foram utilizados como referência padrão durante a análise e comparação dos dados antropométricos. Os resultados foram apresentados através de tabelas e gráficos descritivos. A gravidade da subnutrição foi avaliada pela pontuação Z de acordo com a classificação dos dados de referência de crescimento da OMS de 2007 para raparigas adolescentes. As raparigas adolescentes com pontuação Z inferior a -1 em qualquer dos índices foram consideradas subnutridas ligeiras, as adolescentes com pontuação Z inferior a -2 foram consideradas subnutridas moderadas e as adolescentes com pontuação Z inferior a -3 foram consideradas subnutridas graves.

4.12 Considerações éticas

Foi obtida uma carta de autorização ética do Gabinete de Revisão Ética da Investigação em Saúde, Universidade de Jimma, Faculdade de Saúde Pública e Ciências Médicas. Foi obtida uma carta de cooperação do gabinete de educação zonal e foi obtido o consentimento verbal informado dos diretores das escolas. Foi obtida autorização dos pais ou do tutor legal e foi obtido o consentimento verbal dos adolescentes selecionados, depois de informados sobre o objetivo do estudo, o seu direito de prosseguir ou desistir do estudo sempre que desejassem, o anonimato e a confidencialidade do estudo, que foram mantidos rigorosamente durante todo o processo.

Durante a recolha de dados, os alunos gravemente subnutridos, ou seja, com escores z inferiores a - 3, foram encaminhados para o organismo competente para receberem o tratamento e os cuidados necessários. Os alunos que foram classificados como subnutridos ligeiros e moderados e com excesso de peso foram aconselhados sobre alimentação saudável. Durante a medição antropométrica, foi colocada uma marca de pé clara desinfectada na balança de pesos para minimizar o desconforto e a potencial contaminação.

4.13 Definição operacional e padrão

Referência 2007 para crianças e adolescentes com idades compreendidas entre os 5 e os 19 anos - classificação do estado nutricional dos adolescentes de acordo com o índice de massa corporal para a idade.

Z score for-age	Classification
< -3	Severe malnutrition
≥ -3 and < -2	Moderate malnutrition
≥ -2 and < -1	Mild malnutrition
≥ -1 and $< Z < +1)$	Normal weight
$(+1 \leq Z)$	Over weight

Fonte: OMS 2007. Growth reference data for 5-19 years. http://www.who.int/growthref/en/ (acedido em 15 de março de 2013)

Idade ginecológica: idade desde a menarca

Idade da menarca; idade do início da menstruação pela primeira vez.

Actividades sedentárias; tempo semanal passado a ver televisão ou vídeos, a dormir e outras actividades sentadas

Carga de trabalho: tempo total semanal gasto em actividades físicas e tarefas domésticas

Rural: um distrito administrativo considerado como rural pelo Gabinete Administrativo do Distrito de Mizan Zuria. Os alunos que vivem no kebele de perto e à volta da cidade e fora dos kebeles urbanos são considerados rurais foram geralmente considerados "rurais".

Urbano: um distrito administrativo considerado como urbano pelo Gabinete Administrativo do Distrito de Mizan Zuria. Para efeitos deste estudo, os alunos que vivem no kebele ou no gots da cidade foram considerados "Urbanos".

Instalações sanitárias melhoradas: as instalações sanitárias têm, pelo menos, uma cobertura de fossa, uma superestrutura e uma instalação para lavar as mãos

Adolescente: para este estudo, os indivíduos têm idades compreendidas entre os 11 e os 19 anos

Fontes de água melhoradas - incluindo canalização doméstica (água da torneira), canalização pública (bono)

Kebele/gots: zona administrativa mais baixa da Etiópia

5. Resultados

5.1 Caraterísticas sócio-demográficas dos participantes no estudo

Das 622 raparigas adolescentes amostradas para este estudo, 614 (98,7%), 308 (50,1%) do meio urbano e 306 (49,7%) do meio rural, foram avaliadas, dando uma taxa de resposta de 99,0% e 98,4% para o meio urbano e rural, respetivamente. A Tabela 1 apresenta as caraterísticas sócio-demográficas dos participantes no estudo. As idades médias (DP) dos inquiridos dos meios urbano e rural eram de 14,5 (2,0) e 14,3 (2,0) anos, respetivamente. Metade dos participantes (n=304) tinha uma idade compreendida entre os 14 e os 16 anos, enquanto 106 (34,4%) dos participantes urbanos e 112 (36,6%) dos rurais tinham entre 11 e 13 anos; e os restantes 49 (15,9%) dos participantes urbanos e 42 (13,7%) dos rurais tinham entre 17 e 19 anos. Cerca de três quartos dos participantes, tanto do meio urbano (n=224) como do rural (n=236), viviam com ambos os pais biológicos, enquanto os restantes 73 (11,8%), 21 (3,4%) e 59 (9,6%) viviam com um dos pais biológicos, com familiares e com outros, como amigos e sozinhos.

Não existe uma diferença estatisticamente significativa entre o meio urbano e o meio rural no que respeita à proporção de participantes que vivem com ambos os pais biológicos (teste do qui-quadrado - valor de P >0,05). Relativamente ao tamanho da família dos participantes, a média geral (IC 95%) do tamanho da família foi de 5,7 (3,6-7,5), sem diferença estatisticamente significativa entre os contextos urbano e rural (média (IC 95%) urbano vs. rural=5,6(+1,8) vs. 5,8(+1,8); valor de P=0,6 para o teste t de amostras independentes). A maioria dos pais dos participantes no estudo, ou seja, 253 (82,1%) no contexto urbano e 258 (83,0%) no contexto rural, eram casados e viviam juntos. Metade (n=155) Vs 131(43%) dos pais das raparigas urbanas e rurais e 132(43%) vs 89(29%) das mães das raparigas urbanas e rurais, respetivamente, tinham completado pelo menos o ensino secundário. Cento e quarenta e dois (46,2%) dos pais e 94 (30,9%) das mães das raparigas urbanas e 128 (42,0%) dos pais e 114 (37,4%) das mães das raparigas rurais estavam envolvidos em serviços.

Tabela 1: Caraterísticas sócio-demográficas e informações relacionadas com os pais das participantes no estudo, raparigas adolescentes de escolas urbanas e rurais no distrito de Mizan Zuria, 2012 (n=614; urbano=308 e rural=306).

Variables		Residence		Total n(%)
		Urban (n) %	Rural (n) %	
Religion	Orthodox Christian	197(64.0)	166(54.2)	363(59.0)
N=613	Protestant	72(23.5)	100(32.7)	172(28.0)
	Muslim	36(11.7)	39(12.7)	75(12.0)
Living with	With both parents	224(73.0)	236(77.1)	460(74.9)
N=613	Either parents	37(10.8)	36 (10.6)	73(11.8)
	No parents	32(10.2)	27(8.8)	59(9.6)
	Others[1]	14(4.5)	7	21(3.7)
Marital status	Married live	253(82.1)	258(84.9)	511(83.2)
of family	together	16(5.2)	19(6.2)	35(5.7)
	Married but apart	21(6.8)	19(6.2)	40(6.5)
	Divorced	18(2.6)	8	26(4.2)
	Others[2]			
Fathers	Illiterate	23(7.5)	32(10.5)	55(9.0)
educational	Informal education	70(22.9)	103(33.8)	173(28.2)
status	Primary	37(12.1)	36(11.8)	73(11.9)
	Secondary	68(22.2)	48(15.7)	116(18.9)
	College/university	108(28.2)	86(28.2)	194(31.6)
Mothers	Illiterate	40(13.0)	63(20.8)	103(16.8)
educational	Informal education	79(25.7)	95(31.4)	174(28.3)
status	Primary	56(18.2)	56(18.5)	112(18.2)
N=610	Secondary	68(22.1)	55(18.2)	123(20.0)
	College/university	64(20.8)	34(11.2)	98(16.0)

Fathers occupation status	Farmer	40(13.0)	78(25.6)	118(19.2)
	Daily laborer	10(3.2)	17(5.6)	27(4.4)
	Private employer	14(4.5)	14(4.6)	28(4.6)
	Gov't employer	130(42.2)	114(37.4)	244(39.7)
	Have own business	98(31.8)	71(23.3)	169(27.5)
	Others[3]	16(5.2)	11(3.6)	27(4.4)
Mothers occupation status N=612	Farmer	35(22.7)	69(22.5)	104(16.9)
	Daily laborer	10(4.6)	14(4.6)	24(3.9)
	Private employer	10(4.6)	11(3.6)	21(3.4)
	Gov't employer	81(26.3)	61(21.1)	142(23.1)
	Have own business	96(31.2)	73(24.0)	169(27.5)
	House wife	76(24.7)	76(25.0)	152(24.8)

1: sozinho ou com um amigo, 2: viúvo ou solteiro 3: sem trabalho ou deficiente

5.2 Saúde e práticas relacionadas com a saúde dos participantes

No que diz respeito à principal fonte de água utilizada pelos agregados familiares dos participantes, a maioria dos 90,2% dos agregados familiares, 284 (92,5%) no meio urbano e 268 (87,9%) no meio rural, referiu utilizar água da torneira, enquanto os restantes 33 (5,4%), 11 (1,8%) e 16 (2,6%) utilizam a nascente, o poço e o rio como principal fonte de água, respetivamente. A maioria (86,4%) dos participantes no estudo, 273 (89,8%) dos urbanos e 253 (83%) dos rurais, obtém a água a 30 minutos a pé. No que diz respeito às instalações sanitárias, 24 (3,9%) da população do estudo referiu utilizar a defecação ao ar livre, enquanto 467 (76,1%) indivíduos referiram utilizar latrinas com cobertura de fossa. Na semana anterior ao inquérito, antes de comerem uma refeição, 355 (58,7%), 141 (23,2%) e 102 (17%) participantes referiram que lavavam as mãos sempre, habitualmente e raramente, respetivamente, e após a utilização da casa de banho, 158 (26,2%), 339 (55,9%) e 101 (16,7%) lavavam sempre, habitualmente e raramente as mãos, respetivamente.

As práticas de saúde e as práticas relacionadas com a saúde dos participantes nas duas populações são semelhantes no que diz respeito a instalações de latrinas, fontes de água para o agregado familiar, episódios de doença, utilização de redes mosquiteiras, hábito de calçar sapatos, lavagem das mãos antes das refeições (teste do qui-quadrado urbano vs rural; valor p >0,05). No entanto, as duas populações são diferentes no que diz respeito à proporção de participantes que referem lavar sempre as mãos depois de irem à casa de banho (urbano vs rural=64(20,8%) vs 97(31,7%); teste do qui-quadrado valor-p=0.01), à proporção de agregados familiares que referem ir buscar água a uma distância de 30 minutos a pé (urbano vs. rural=273(89,8%) vs. 253(83,0%); teste do qui-quadrado p-value=0,02) e à proporção de inquiridos que contactam com os ACES (urbano vs. rural=152(64,7%) vs. 121(49,2%); teste do qui-quadrado p-value=0,02).

Relativamente ao padrão alimentar dos participantes, 609 (99,2%) da população tomava refeições pelo menos duas vezes por dia no mês anterior à entrevista. O número de raparigas que faziam três refeições por dia era de 212 (69,4%) no meio rural e de 190 (61,8%) no meio urbano. A diversidade da dieta e os padrões de consumo alimentar dos participantes nas duas populações eram semelhantes no que respeita ao consumo de cereais, legumes, doces e açúcares, gorduras, carne e ovos (teste do qui-quadrado urbano vs rural; p-value >0,05). No entanto, eram diferentes no consumo de leguminosas (urbano vs. rural=85(27,6%) vs. 100(33%); teste do qui-quadrado p-value=0,01) e leite e produtos lácteos (urbano vs. rural=41(13,2%) vs 62(20,2%); teste do qui-quadrado p-value=0,01), frutas (urbano vs. rural=183(59,8%) vs. 151(49,5%); teste do qui-quadrado p-value=0,01).

Tabela 2: Saúde e práticas relacionadas com a saúde de raparigas adolescentes em idade escolar por residência, Distrito de Mizan Zuria, 2012, (n=614; urbano=308 e rural=306).

Variables		Residences		Total
		Urban n (%)	Rural n (%)	n (%)
Toilet facility	Open air defecation	10	14(3.9)	24(4.0)
	Latrine with cover	223(73.1)	223(73.1)	446(73.1)
	Latrine without cover	63(20.3)	56(18.4)	119(19.3)
	Others*	10	11(3.3)	21(3.0)
Sources of water for the household	Tape water	284(92.5)	268(87.9)	552(90.2)
	Spring	10(3.3)	23(7.5)	33(5.4)
	Others**	13(4.2)	15(4.6)	27(4.4)
Fetch water in min	<30 minute	273(89.8)	253(83.0)	526(86.4)
	>=30minute	31(10.2)	52(17.0)	83(13.6)
Contact with HEW (n=486)	Yes	152(67.4)	121(49.2)	273(56.6)
	No	75(32.8)	128(50.8)	203(41.4)
Illness n=603	Yes	97(32.0)	105(35.2)	202(33.5)
	No	206(68.0)	193(64.8)	399(66.2)
Asleep under mosquito net	Yes	278(90.3)	275(90.5)	553(90.4)
	No	30(9.7)	29(9.5)	59(9.6)

** Rio ou poço *público ou vizinho

Da população estudada, 487 (79,3%), tanto em zonas urbanas como rurais, participaram em pelo menos 40 minutos de uma lista de actividades físicas por dia, em cinco ou mais dias, durante a semana anterior à entrevista. No que diz respeito às tarefas domésticas, a percentagem era maior nas zonas rurais. No meio rural, 283(93,5%) das raparigas iam para a escola a pé, enquanto 268(88,0%) raparigas adolescentes iam a pé no meio urbano (χ^2 =5,5, p =0,06). Algumas das participantes, 46 (15,0%) raparigas urbanas e 55 (18,0%) raparigas rurais, realizavam trabalhos remunerados depois da escola (Tabela 3).

Tabela 3: Distribuição da atividade física e das tarefas domésticas das adolescentes, segundo a residência, entre as adolescentes escolares de 2012: (n=614; urbana=308 e rural=306).

Characteristics Mea(SD)	Residence		total (n=614)	t-test p-values
	Urban(n=308)	Rural (n=306)		
Time spent on active physical activity per weeks in minutes	430.3(359.0)	555.2(613.6)	492(502.0)	0.002
Time taken to school on foot in minutes	24.1(10.4)	27.4(15.2)	24.58(13.2)	0.002
Sleeping hr per day(N=613)	7.8 (1.5)	8.0 (1.6)	7.89(1.6)	0.025
TV watching hr per day	4.2(1.43)	1.4(1.4)	1.96(2.0)	0.001
Sedentary activity in hr/day	10.4(2.1)	9.4(2.1)	9.9(2.1)	0.005
Household chores/week	6.8(4.75)	7.7(5.4)	7.3(5.1)	0.041

5.3 Crescimento e estado nutricional dos participantes no estudo

A média (DP) da idade, altura, peso, IMC para a idade e escores z de altura para a idade de todas as adolescentes foi de 14,4 (± 2), 154,9 (±7), 45,9(±9), -0,41(±,99), -0,55(±0,89) respetivamente (Tabela 4). Nos parâmetros (peso, altura, IMC para a idade e altura para os z scores da idade), as médias das raparigas urbanas foram significativamente superiores às das raparigas rurais. As médias dos escores z de IMC para idade e altura para idade foram significativamente maiores nas meninas urbanas do que nas rurais, com diferença média (IC95%) de 0,18[0,02, 0,34] e 0,58[0,45, 0,72], respetivamente. As raparigas urbanas eram mais altas e mais pesadas do que as raparigas rurais, em média, 4,38 cm (IC 95%: 3,21, 5,55) e 3,86 kg (IC 95%: 2,47, 5,28), respetivamente.

Tabela 4: Média de idade, idade da menarca, idade ginecológica, altura, peso, BAZ e HAZ de raparigas adolescentes de acordo com a residência entre as escolas públicas do distrito de Mizan Zuria, 2012 (n=614; urbano=308 e rural=306).

Characteristics	Residence		Total	t-test
Mea(SD)	Urban n=308	Rural n=306	(n=614)	p-values
Age (years)	14.5(2.0)	14.3(2.0)	14.4(2.0)	0.063
Height (cm)	157.1 (7.1)	152.7(7.6)	154.9(7.0)	0.001
Weight (kg)	47.8(9.1)	44.0(8.6)	45.9(9.05)	0.001
BAZ	-0.32(1.0)	-0.50(.90)	-0.41(.99)	0.026
HAZ	-0.26(.88)	-0.84(.82)	-0.55(.89)	0.001
BMI(kg/m²)	*19.3(2.9)*	*18.7(2.8)*	*19.01(2.9)*	*0.015*
Age at Menarche (N=378)	*13.2(1.1)*	*13.8(1.0)*	*13.5(1.0)*	*0.001*
Gynecological age (N=385)	*2.3(1.5)*	*1.8(1.4)*	*2.1(1.5)*	*0.002*

Teste t de amostras independentes, todos os *valores de p são (bicaudais).*

De acordo com o auto-relato das participantes, 378 (61,6%) participantes estavam menstruadas, das quais 206 (66,9%) e 172 (56,2%) eram da população urbana e rural, respetivamente. A média (DP) da idade da menarca para as raparigas menstruadas (n=378) foi de 13,5(1,0). Relativamente à diferença entre a população urbana e rural na idade da menarca, em média, as raparigas urbanas atingiram a menarca mais cedo do que as raparigas rurais (média (DP) urbana vs. rural = 13,2(1,1) vs. 13,8(1,0); teste t de amostra independente p-value=0,001).

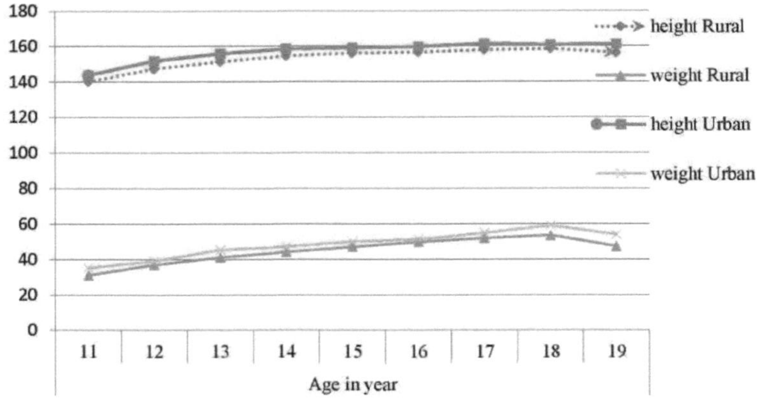

Figura 3: Altura e peso médios das raparigas adolescentes urbanas e rurais de acordo com o grupo etário, distrito de Mizan Zuria 2012 (urbano=308, rural =306)

No que diz respeito às medidas antropométricas médias, ou seja, peso (kg) e altura (cm), as raparigas urbanas são, em todas as idades, mais pesadas e mais altas do que as suas homólogas rurais (Figura 5.1). Em média, o peso e a altura das raparigas adolescentes aumentaram em mais de 23 kg e 18 cm, respetivamente, à medida que a idade dos indivíduos ia dos 11 aos 19 anos.

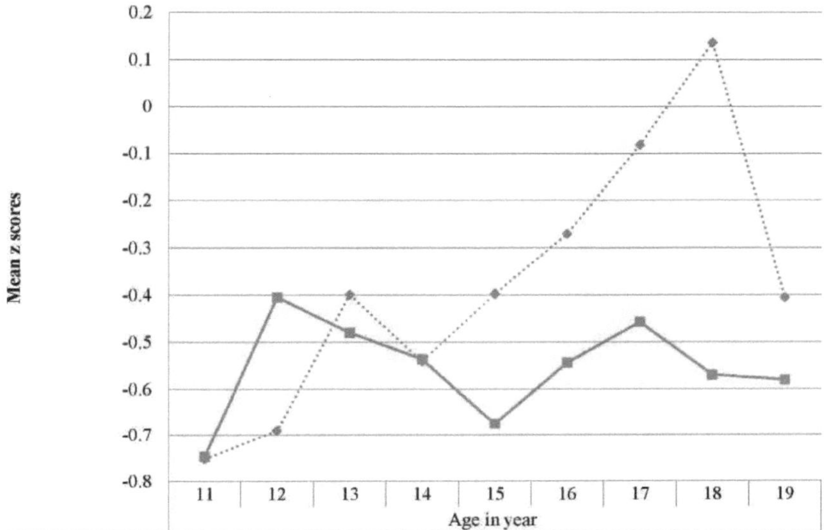

Age in year	11	12	13	14	15	16	17	18	19
Mean BAZ	-0.7527	-0.6911	-0.399	-0.541	-0.3978	-0.2709	-0.082	0.1357	-0.4058
Mean HAZ	-0.7468	-0.4053	-0.4798	-0.5366	-0.6757	-0.5443	-0.4573	-0.57	-0.5808

Figura 4: A altura média para a idade e as pontuações z do IMC para a idade da população do estudo por idade, em comparação com os dados de referência da OMS de 2007 sobre o crescimento dos adolescentes, em que "0" representa a mediana da população de referência, distrito de Mizan Zuria, fevereiro de 2012 (n=614).

A altura média para a idade e as pontuações z do IMC para a idade da população de estudo urbana e rural situam-se abaixo do grupo de referência. A diferença é mais elevada na população rural do estudo, com uma média de 0, -0,26 e -0,84 e 0,-,32 e -0,50 de altura para a idade e de IMC para as pontuações z da população de referência, urbana e rural, respetivamente.

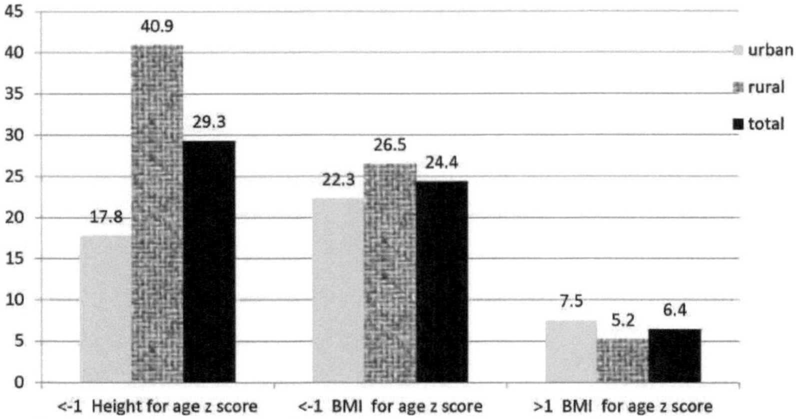

Figura 5: Prevalência da subnutrição e do excesso de peso nas raparigas adolescentes do distrito de Mizan Zuria em 2012 (urbano =308, rural=306)

A prevalência global de atraso de crescimento, magreza e excesso de peso foi de 29,3%, 24,4% e 6,4%, respetivamente (Figura 5.3). A prevalência da magreza, do atraso de crescimento e do excesso de peso nos meios urbanos e rurais foi de 22,3% vs 26,5%, 17,8% vs 40,9% e 7,5% vs 5,2%, respetivamente. A comparação do estado nutricional com base na residência revelou que as proporções de raparigas adolescentes magras e com atraso de crescimento são mais elevadas nas escolas rurais do que nas escolas urbanas; no entanto, a diferença entre as zonas urbanas e rurais na proporção de magreza e excesso de peso não foi estatisticamente significativa. A prevalência de atraso no crescimento foi significativamente maior nas escolas rurais, 40,9%, em comparação com as urbanas, 17,8% *(χ^2=40,47, valor de p 0,0001)*. A proporção de atraso de crescimento moderado foi de 1,9% no meio urbano e de 6,2% no meio rural, enquanto não se registaram casos de atraso de crescimento grave no meio urbano e de 0,7% no meio rural, respetivamente. A prevalência de magreza moderada e grave foi de 4,5% contra 6,9% e de 0,6% contra 1,2% nos meios urbano e rural, respetivamente.

5.4 Preditores do estado nutricional das raparigas adolescentes

Os resultados da análise de regressão linear simples mostraram que: o tempo de vida sedentário (P < 0,001), a idade ginecológica (p = 0,02), a mesada mensal (P < 0,001), a ocupação manual da mãe (P < 0,02) e a ausência de doença no último mês anterior à entrevista foram positivamente associados ao IMC para os escores z de idade das adolescentes. Por outro lado, a carga de trabalho (P < 0,001), a idade da menarca (P < 0,04) e a ausência de menstruação (P < 0,001) foram considerados preditores negativos significativos do IMC para os escores z da idade.

Tabela 5: Modelo de análise de regressão múltipla para os factores que predizem o IMC para a pontuação Z da idade de raparigas adolescentes em idade escolar no distrito de Mizan Zuria 2012 (n=614)

Predictor Variable	Bi variate Beta(β)	Multivarite Beta(β)	95%CI for β	
(Constant)		1.75	1.14	2.35
Time spent on sedentary life	0.15	0.11	0.01	0.09
Menses(-ve)	-0.45	- 0.21	-0.75	-0.15
Breakfast(daily)	0.10	0.08	0.05	0.25
Fuels used for cooking (gasoline)	0.23	0.14	0.02	0.24
Mothers occupation (gov't employee)	-0.16	-0.09	-0.13	-0.01
Illness in last month (no)	0.31	0.15	0.09	0.53
Cereal consumption	-0.08	-0.13	-0.14	-0.01
Sweets consumption	0.29	0.14	0.02	0.16
Use transport (yes)	0.29	0.09	-0.07	0.65
Father's occupation (farmer)	-0.01	-0.02	-0.03	0.01
Use mosquito net (no)	-0.39	-0.10	-0.81	0.03
Meat consumption	-0.10	-0.08	-0.01	0.03

Regressão ajustada, modelo $R^2 = 0,47$

No modelo de regressão linear multivariável (Tabela 5): nenhum episódio de doença no mês anterior à entrevista, combustíveis utilizados para cozinhar no agregado familiar, tempo gasto em actividades sedentárias, consumo de alimentos doces, consumo de cereais, ocupação das mães foram preditores significativos do IMC para a idade do índice Z das raparigas adolescentes. As raparigas que não menstruam têm em média 0,21 unidades (IC95%: -0,75, -0,15) de IMC para a idade mais baixo do que as raparigas que menstruam. Além disso, os inquiridos que não sofreram qualquer doença no mês anterior à data da entrevista obtiveram, em média, pontuações mais elevadas de 0,15 unidades (IC95%: 0,09, 0,53) quando comparados com os inquiridos que referiram doença. Os inquiridos que se dedicaram mais uma hora por dia à vida sedentária tiveram, em média, um aumento de 0,11 (IC95%: 0,01, 0,09) unidades no score Z do IMC para a idade. Os combustíveis utilizados no domicílio para cozinhar têm um efeito significativo no escore Z do IMC para a idade do entrevistado. Os entrevistados do domicílio onde a gasolina é o principal combustível para cozinhar, tiveram em média um aumento de 0,14 (IC95%: 0,02, 0,24) unidades em seus escores Z do que aqueles de domicílios que utilizavam lenha. Além disso, os indivíduos que consomem mais refeições com cereais diminuem, em média, o escore Z do IMC para a idade em 0,13 unidades (IC95%: -0,14; -0,01), enquanto o consumo de alimentos mais doces aumenta o escore Z, em média, em 0,145 unidades (IC95%: 0,016; 0,160).

Além disso, uma análise de regressão linear simples revelou que a média de horas diárias gastas em vida sedentária (P < 0,001), a média mensal de dinheiro de bolso (P < 0,04), o nível educacional das mães (P < 0,001) e a residência (P < 0,001) foram positivamente associados à altura para os escores z de idade de meninas adolescentes. Por outro lado, a perceção de hemorragia intensa durante a menstruação (p<0,01), a carga de trabalho (P<0,04), a distância da unidade de saúde em quilómetros (p<0,010) e o meio de transporte para andar a pé (p<0,04) foram factores de previsão negativos significativos da altura para os valores z da idade.

Tabela 6: Modelo de Análise de Regressão Múltipla para os Factores que predizem a Altura para a idade Z score das raparigas adolescentes escolares no distrito de Mizan Zuria 2012 (n=614)

Predictor Variables	Bi-variate Beta(β)	Multivarite Beta(β)	95%CI for (β)	
Intercept		-2.10	-4.1	-0.19
Residence (urban)	0.58	0.32	0.35	0.81
Breakfast (regularily)	0.28	0.22	0.44	0.11
Live with (relatives)	-0.11	-0.15	-0.21	-0.02
Hand Wash after toilet use (always)	0.18	0.14	0.01	0.35
Place for cooking (in separate kitchen)	0.27	0.16	0.06	0.49
Work for pay (no)	0.17	0.07	-0.12	0.46
Heavy bleeding (no)	0.55	0.13	-0.02	1.10
Source water (improved)	0.20	0.10	-0.05	0.45
Fuel used for cooking (gasoline)	0.10	0.10	-0.03	0.22
Mothers occupation (professional)	0.04	0.08	-0.03	0.11
sedentary life	-0.03	-0.08	-0.09	0.02

Regressão ajustada, modelo $R^2 = 0,39$

A residência do indivíduo, a regularidade do café da manhã, com quem mora atualmente, o hábito de lavar as mãos após o uso do banheiro e o local onde cozinha foram preditores significativos dos escores z de estatura para a idade em adolescentes do sexo feminino, com nível de confiança de 95% (Tabela 6). As raparigas do meio urbano apresentaram em média 0,32 (IC95%: 0,35, 0,81) unidades a mais de altura para os escores z da idade quando comparadas com as raparigas do meio rural.

As meninas que lavavam as mãos sempre após o uso do banheiro apresentaram escores z de estatura para idade 0,14(IC95%: 0,014, 0,351) unidades maiores quando comparadas às que lavavam as mãos algumas vezes. Em relação à frequência das refeições, os entrevistados que tomavam café da manhã diariamente apresentaram em média 0,22 (IC95%: 0,44; 0,11) unidades a mais de escore z de altura para idade. As adolescentes de domicílios com cozinha separada apresentaram, em média, 0,16(IC95%: - 0,06, 0,49) unidades a mais de estatura quando comparadas àquelas que cozinhavam em casa de convivência. Assim, o estado civil, a escolaridade e a ocupação dos pais não se mostraram preditores estatisticamente significativos do escore Z de estatura para idade das adolescentes na análise de regressão multivariada. Os indivíduos que vivem com os seus familiares tiveram em média -0,14 unidades a menos de escore Z de estatura para a idade quando comparados com os entrevistados que vivem com ambos os pais biológicos (IC95%: -0,21,-0,02).

6. Discussões

Este estudo foi realizado para examinar a disparidade urbano-rural no estado nutricional das raparigas adolescentes, em zonas excedentárias do sudoeste da Etiópia. Os resultados sugerem uma disparidade consistente entre o estado nutricional das raparigas adolescentes urbanas e rurais. Em geral, a avaliação do estado nutricional das raparigas adolescentes na Etiópia não tem sido bem investigada, em comparação com outras populações. A prevalência da subnutrição nas adolescentes é um indicador do estado de saúde da comunidade[4].

Os parâmetros antropométricos/crescimento, incluindo a altura e o peso, são considerados caraterísticas altamente hereditárias[16]. Embora os factores genéticos sejam significativos, são largamente influenciados por factores ambientais[32], pelo que comparámos os índices nutricionais dos participantes com base na sua residência.

Os dados da amostra do presente estudo foram comparados com os dados de referência de crescimento da OMS de 2007 para adolescentes e foi observada uma prevalência de subnutrição em termos de (altura para a idade) e (IMC para a idade) nas raparigas estudadas, relativamente às curvas de referência. Ambos os índices nutricionais médios (escores z de altura para idade e IMC para idade) das meninas estudadas estavam abaixo da curva dos dados de referência (Tabela 4). A comparação demonstra que as raparigas urbanas e rurais eram mais baixas e mais magras do que a curva de referência e as raparigas rurais eram mais baixas e mais magras do que as urbanas.

A comparação dos índices nutricionais entre raparigas rurais e urbanas mostrou que os índices nutricionais médios destas últimas eram significativamente mais elevados. O melhor estado nutricional das raparigas urbanas no presente estudo está de acordo com outros estudos realizados com jovens na Etiópia [17, 18] e noutros países em desenvolvimento [23, 29]. Isto pode dever-se a diferenças no estatuto socioeconómico dos pais das raparigas urbanas e rurais.

Os índices médios no presente estudo foram mais elevados do que os relatórios de um estudo de base comunitária no norte da Etiópia rural, a altura média para a idade foi inferior ao desvio padrão de -1,5 dos dados de referência da NCHS/OMS de 1978 [22]. Os índices médios nas subamostras rurais no presente estudo estavam acima dos -1 Z scores dos dados de referência da OMS de 2007, que são consideravelmente mais elevados do que os relatórios do norte da Etiópia. As diferenças no estado nutricional podem ser atribuídas a diferenças nos métodos de estudo, uma vez que os casos de subnutrição grave provavelmente não frequentam a escola. A outra explicação possível pode ser a existência de diferentes meios de subsistência no contexto do presente estudo, que é excedentário e mais produtivo [35], do que no norte da Etiópia, onde 75% das raparigas estudadas pertenciam a agregados familiares em situação de insegurança alimentar em alguns momentos do ano [22].

As pontuações z do IMC para a idade e da altura para a idade são consideradas o padrão de ouro para a avaliação do estado nutricional dos adolescentes [16]. O estado nutricional avaliado utilizando as pontuações Z do IMC para a idade na nossa amostra indicou que, do total da amostra, a magreza era de 22,3% entre as raparigas urbanas e de 26,5% entre as raparigas rurais. O excesso de peso na população urbana e rural foi de 7,5% e 5,2%, respetivamente. As diferenças entre as zonas urbanas e rurais na proporção de excesso de peso e magreza no presente estudo não foram estatisticamente significativas. O resultado é diferente de outros relatórios na Etiópia[17, 18]. A diferença pode dever-se a uma variação sazonal, uma vez que o BAZ pode ser uma medida de deficiência aguda, ou pode dever-se a um contexto ambiental diferente.

A prevalência global de atraso de crescimento foi de 29,3%, 17,8% em meio urbano e 40,9% em meio rural; a proporção foi 2,3 vezes superior em meio rural. Na regressão linear multivariada, as raparigas urbanas tiveram, em média, um aumento de 0,32 unidades na sua altura para as pontuações z da idade, em comparação com as raparigas rurais. O resultado demonstra uma diferença notável entre as raparigas urbanas e rurais em termos de atraso de crescimento. O resultado é consistente com outros relatórios[4, 36]. Está bem documentado que as raparigas rurais têm maior probabilidade de sofrer de subnutrição do que as raparigas urbanas nos países em desenvolvimento [18, 30, 31]. Além disso, a diferença entre as zonas urbanas e rurais na prevalência de atraso de crescimento moderado e grave no contexto do estudo foi inferior à de outros estudos semelhantes em países em desenvolvimento [22, 36, 37]. Isto pode dever-se ao nível das diferenças socioeconómicas entre os países.

Os resultados mostraram uma associação negativa consistente entre viver numa zona rural e os indicadores do estado nutricional, peso, altura e ZHCA, o que é consistente com outros estudos [17, 18, 36]. A elevada prevalência de subnutrição entre as raparigas das zonas rurais pode ser atribuída às disparidades sociais e económicas entre as comunidades urbanas e rurais [6, 27]. Além disso, a subnutrição durante a infância atrasa o crescimento e a subnutrição nos anos que precedem a adolescência atrasa o aparecimento da adolescência, o que pode atribuir a disparidade atual [1]. As diferenças entre as zonas urbanas e rurais podem dever-se ao facto de os meios de subsistência serem tão diferentes entre as zonas urbanas e rurais, o que pode afetar a qualidade e a quantidade do consumo de alimentos, o principal fator determinante do estado nutricional.

A idade média da menarca foi significativamente mais elevada nas raparigas rurais do que nas urbanas, embora não tenha havido diferença significativa entre as idades biológicas das duas populações. Isto pode sugerir que as diferenças residenciais no início da puberdade. A literatura mostra uma tendência decrescente secular nos anos de início da puberdade, que está a tornar-se mais precoce, especialmente no mundo desenvolvido, e que a idade média da menarca está a diminuir no mundo desenvolvido [26].

A idade média da menarca no presente estudo (Quadro 4) é mais longa do que a idade média das raparigas do Michigan 12,3 + 5 [38], Alexandria 11,98±0,96 anos[39]. A literatura indica que as afro-americanas têm a menstruação mais cedo [26]. A hipótese é que o início da maturidade nos presentes estudos é mais tardio do que nos seus pares de outros países africanos. As raparigas que não menstruam tiveram, em média, uma queda de 0,21 unidades (95% CI:- 0,75, -0,15) no seu IMC para a idade

Z, quando comparadas com as raparigas menstruadas. Este facto é corroborado pela literatura, segundo a qual o estado nutricional dos adolescentes desempenha um papel preponderante no início da puberdade. O início da menstruação é considerado o sinal mais óbvio da puberdade nas raparigas[26, 39]. A idade mais tardia da menarca no presente estudo pode ser atribuída à subnutrição. A literatura mostrou que a subnutrição está associada a um atraso na idade da menarca, enquanto um grau moderado de excesso de peso foi associado a uma maturação precoce [39].

Como esperado, a presença de doença no último mês anterior à entrevista reduziu os escores z em 0,31 unidades (IC95%: 0,09, 0,53). Surpreendentemente, o aumento do consumo de cereais encontrou preditores negativos significativos do BAZ, o que pode dever-se ao estatuto socioeconómico dos pais. As raparigas de pais com baixo nível económico podem consumir alimentos de baixo custo do grupo dos cereais. O aumento do consumo de alimentos doces foi considerado um fator de previsão positivo significativo do BAZ, o que é consistente com outros relatórios[23, 40]. As raparigas de agregados familiares que utilizam lenha para cozinhar estavam com escores z mais baixos de IMC para a idade em 0,14 (IC95%: 0,02, 0,24) unidades, quando comparadas com agregados familiares que utilizam gasolina. Isso pode levantar a hipótese de que o combustível doméstico pode estar relacionado à renda familiar, o que não foi abordado no presente estudo.

Surpreendentemente, as raparigas da ocupação profissional da mãe empregadoras foram negativamente associadas ao BAZ -0,07 (IC95%: -0,02, -0,24). Estudo sobre o estado nutricional das crianças indicou que o estado nutricional das crianças está positivamente associado à ocupação profissional das mães [32]. Isso pode ser devido à inflação recente, que ameaça a vida da maioria dos empregadores. A outra explicação possível para isto pode ser o facto de as raparigas de mães profissionais se dedicarem mais às tarefas domésticas. Isto é apoiado pelos dados de que as raparigas que passavam mais horas em atividade sedentária tinham 0,05 unidades (IC95%: 0,01, 0,10) de IMC mais elevado para a pontuação Z da idade. É sensual que a atividade sedentária esteja associada ao excesso de peso. Lavar as mãos depois de ir à casa de banho previu positivamente o ZHCA, o que é sensato e consistente com outros relatórios que referem que a falta de saneamento pode contribuir para o mau estado nutricional das raparigas através de parasitas intestinais [23]. Um estudo realizado no Paquistão demonstrou que a regularidade do pequeno-almoço é um bom indicador do estado nutricional dos adolescentes [16].

Algumas das limitações do estudo que devem ser tidas em conta na interpretação dos resultados: foram avaliados alunos do ensino regular a tempo inteiro do 5º ao 10º ano, o que pode introduzir uma subestimação, uma vez que é provável que se encontrem adolescentes nos anos mais baixos e nos anos mais altos. A autoavaliação torna os dados intrinsecamente sujeitos a enviesamento.

Enviesamento sazonal, uma vez que os dados foram recolhidos em fevereiro, época de cultivo de culturas de rendimento, o que significa que os estudantes urbanos podem ser confrontados com a falta de cuidados parentais, enquanto os rurais estão expostos a produtos alimentares comerciais.

Conclusões

O nosso estudo encontrou provas importantes que contribuem para a literatura sobre o estado nutricional das raparigas adolescentes. Os índices nutricionais médios das raparigas, tanto das zonas urbanas como das rurais, situam-se abaixo dos seus pares, de acordo com os dados de referência da OMS de 2007, o que implica que a subnutrição é predominante entre as adolescentes estudadas.

Comparando o estado nutricional das raparigas urbanas e rurais, as raparigas rurais estão em desvantagem. Os resultados demonstraram uma diferença notável entre as raparigas urbanas e rurais em termos de índices nutricionais.

O duplo fardo da malnutrição foi observado tanto em ambientes urbanos como rurais, com diferentes níveis de prevalência.

O excesso de peso, embora ainda não seja reconhecido como um problema nutricional no nosso país, está a aparecer nas raparigas estudadas. Isto pode evidenciar a indicação de transição nutricional na área de estudo, tal como se verifica na maioria dos países em desenvolvimento.

Um episódio de doença no mês anterior ao inquérito, os combustíveis utilizados para cozinhar em casa, as horas diárias despendidas em vida sedentária, o aumento do consumo de cereais e a ocupação da mãe são factores de previsão independentes da pontuação Z do IMC para a idade, ao passo que a residência do sujeito, o aumento do consumo de alimentos doces, a regularidade do pequeno-almoço, com quem os participantes vivem atualmente, a prática de lavar as mãos após a utilização da casa de banho e o local de cozinhar são factores de previsão da pontuação Z da altura para a idade em raparigas adolescentes.

Recomendação

Decisores políticos - É necessário desenvolver estratégias para melhorar o crescimento e o estado nutricional das raparigas adolescentes, com especial ênfase nas raparigas rurais, sem negligenciar as urbanas.

Departamento de saúde zonal - Deverá ser dada prioridade a uma educação abrangente em matéria de saúde e nutrição (dirigida às crianças em idade escolar, aos seus pais e professores), no âmbito da implementação dos cuidados de saúde primários em curso para a prevenção da malnutrição, com especial atenção para as raparigas das zonas rurais.

Recomendamos aos investigadores que, uma vez que a enorme disparidade entre o estado nutricional urbano e rural em termos de atraso de crescimento pode ser atribuída a disparidades sociais e económicas, é necessário um estudo longitudinal baseado na comunidade para investigar melhor as razões da disparidade.

Referências

1. Fundo das Nações Unidas para a Infância (UNICEF) a situação das crianças no mundo: Adolescência: An Age of Opportunity. Nova Iorque 2011.
2. Organização Mundial de Saúde, Programa de Saúde e Desenvolvimento dos Adolescentes. Improving Adolescent Health and Development (Melhorar a saúde e o desenvolvimento dos adolescentes). Genebra: OMS, 2010.
3. Stang J, Story M. Adolescent growth and development. Guidelines for Adolescent Nutrition Service. Minneapolis: Universidade de Minnesota, 2005; Capítulo 1.
4. Organização Mundial de Saúde. Nutrição dos adolescentes. A Review of the Situation in Selected South-East Asian Countries. Nova Deli: Gabinete Regional para o Sudeste Asiático; 2006.
5. Green ME, Cardinal L, Goldstein-Siegel E. Girls speak: a new voice in global development. Washington: Centro Internacional de Pesquisa sobre a Mulher, 2009.
6. Bertini C. Girls grow: a vital force in rural economies.Chicago: Conselho de Chicago para Assuntos Globais, 2010.
7. Organização Mundial de Saúde. Programa de Saúde e Desenvolvimento do Adolescente. Melhorar a saúde e o desenvolvimento dos adolescentes; 2010.
8. Organização Mundial de Saúde. Improvement of Nutritional Status of Adolescents (Melhoria do estado nutricional dos adolescentes). Relatório da reunião regional, Chandigarh, Índia, 2002. Nova Deli: OMS 2002.
9. Giuseppina D.Nutrição na adolescência. Pediatria em revista 2000; 21(1): 32-33.
10. Organização Mundial de Saúde. Child and Adolescent Health and Development Family and Community Health, Broadening the horizon Balancing protection and risk for adolescents.Genebra: OMS' 2010.
11. Organização Mundial de Saúde. Nutrição na adolescência. Issues and Challenges for the Health Setor. Genebra: OMS, 2005.
12. Organização Mundial de Saúde. Comité Permanente de Nutrição, Adolescence a pivotal stage in life cycle. OMS; 2006(31).
13. Reilly JJ. Childhood obesity in United Kingdom (Obesidade infantil no Reino Unido). British Medical Journal, setembro de 2003.
14. Ministério Federal da Saúde, Etiópia. Módulo de Aprendizagem Combinada sobre Nutrição para o Programa de Extensão de Saúde. FMOH, 2010.
15. Belachew T. Food insecurity, school absenteeism and educational attainment of adolescents in Jimma Zone Southwest Ethiopia: a longitudinal study. Nutrition Journal, 2011. 10 :29.
16. Ahmad H, Liaqat P, Paracha P, Qayyum A, Uppal A. Avaliação do estado nutricional dos adolescentes versus práticas alimentares na cidade de Islamabad.

Jornal de Nutrição do Paquistão 2009; 8(8):1304-08.

17. Instituto Etíope de Investigação em Saúde e Nutrição (EHNRI). Relatório do inquérito nacional de base sobre nutrição para o programa nacional de nutrição da Etiópia. Adis Abeba: EHNRI, 2010.
18. Hadley C, Belachew T, Lindstrom D, Tessema F. The Shape of Things to Come? Household Dependency Ratio and Adolescent Nutritional Status in Rural and Urban Ethiopia (O rácio de dependência do agregado familiar e o estado nutricional dos adolescentes na Etiópia rural e urbana). Revista americana de antropologia física 2011. 144: p. 643-652 (2011).
19. Organização das Nações Unidas para a Alimentação e a Agricultura. World Hunger and Poverty Facts and Statistics [Factos e estatísticas sobre a fome e a pobreza no mundo]. FAO, 2011. http://iresearch.worldbank.org/PovcalNet/povDuplic.html, acedido em 21 de janeiro de 2011.
20. Comissão do Recenseamento da População da República Federal Democrática da Etiópia. Resumo e relatório estatístico do Recenseamento da População e da Habitação de 2007. Agência Central de Estatística da Etiópia, 2008.
21. Fikrewold H, Bitew, Daniel S. Undernutrition among Women in Ethiopia (Desnutrição entre as mulheres na Etiópia). 2010. N.º 77, Investigação Demográfica e de Saúde, ICF Macro, Calverton Maryland, EUA.
22. Mulugeta A, Hagos F, Stoecker B, Kruseman G, Linderhof V, Abraha Z, et al. Estado nutricional das raparigas adolescentes das comunidades rurais de Tigray, Norte da Etiópia. Ethiop. J.Health Dev 2009; 23(1):5-11.
23. Haque M. Anthropometric Assessment for Adolescent Pregnancy (Avaliação antropométrica da gravidez na adolescência): A Descriptive Study on Married Adolescents in Bangladesh (Um estudo descritivo em adolescentes casadas no Bangladesh). J. Nepal Paediatr. Soc, 2010. **30**(3): p. 154-160.
24. Blosser M, Siyam A, Borghi E, de Onis M, Onyango A, Yang H. Manual do AnthroPlus para computadores pessoais da Organização Mundial de Saúde. Software para avaliar o crescimento das crianças e adolescentes do mundo. Genebra: OMS, 2009.
25. Nestel P. Strategies, Policies and Programs to Improve the Nutrition of Women and Girls (Estratégias, políticas e programas para melhorar a nutrição das mulheres e raparigas). 2000
26. Malina R. Secular trends in growth, maturation and physical performance: a review. Anthropological Review, 2004; 67: 3-31.
27. McMichael AJ. O ambiente urbano e a saúde num mundo de globalização crescente: questões para os países em desenvolvimento. Boletim da Organização Mundial de Saúde, 2000; 78 (9).

28. Tolossa. D. Understanding the realities of urban poor and their food security situations: case study at Berta Gibi and Gemechu Safar in Addis Ababa City, Ethiopia. 2008(440).
29. Uma M. Um estudo exploratório sobre o estado nutricional e os factores determinantes da desnutrição de crianças adolescentes urbanas e rurais (12-16) anos da cidade de vadodara. Revista Internacional de Biologia Aplicada e Tecnologia Farmacêutica 2011. **2**(1): p. 102-107
30. Agência Central de Estatística [Etiópia]. Inquérito Demográfico e de Saúde da Etiópia 2011. Addis Ababa, Etiópia e Calverton, Maryland, EUA: Agência Central de Estatística e ICF International; 2011.
3 1.Othman OA, Aremu OF. Malnutrition among women in sub-Saharan Africa: rural- urban disparity. Rural and Remote Health 8: 931 (Revista online de saúde), 2008.
32. Kodjo A. Poverty and the AnthropometricStatus of Children; A Comparative Analysis of Rural and Urban Households in Togo (Pobreza e estado antropométrico das crianças; uma análise comparativa de agregados familiares rurais e urbanos no Togo). Nairobi: The African Economic Research Consortium, 2009.
33. Annabel S, Mekbib N, Simie T. The exprience of adolescence in rural amhara region Ethiopia (A experiência da adolescência na região rural de Amhara, Etiópia). 2004, Adis Abeba.
34. Cogill, B. Anthropometric Indicators Measurement Guide, Projeto de Assistência Técnica em Alimentação e Nutrição, Academy for Educational Development, Washington, D.C., 2003
35. USAID. Meios de subsistência da Região das Nacionalidades e dos Povos do Sul (SNNPR) profiles Regional Overview. USAID, 2006.
36. Maiti S. A Comparative Study on Nutritional Status of Urban and Rural Early Adolescent School Girls of West Bengal, India [Estudo comparativo do estado nutricional de raparigas urbanas e rurais no início da adolescência em Bengala Ocidental, Índia]. Jornal da Sociedade Pediátrica do Nepal 2011; 31(3).
3 7.Oninla SO, Owa JA, Onayade AA, Taiwo O. Comparative Study of Nutritional Status of Urban and Rural Nigerian School Children. Journal of Tropical Pediatrics 2007; 53(1): 39-43.
38. Michels Blanck H, Marcus M, Tolbert PE, Rubin C, Henderson AK, Hertzberg VS, et al. Idade da menarca e fase de Tanner em raparigas expostas no útero e no período pós-natal ao bifenilo polibromado. Journal of epidemiology 2000; **11**(6): 641-647.
39. Mounir GM, El-Sayed NA, Mahdy NH, Khamis SE. Factores nutricionais que afectam o estado menarcaico de raparigas adolescentes em Alexandria. Jornal da

Associação de Saúde Pública do Egito, 2007 82(3 & 4).

40. Dapi L. Socioeconomic and sex differences in adolescents' dietary intake, anthropometry and physical activity in Cameroon, Africa (Diferenças socioeconómicas e sexuais na ingestão alimentar, antropometria e atividade física dos adolescentes nos Camarões, África). Imprensa da Universidade de Umea, 2010.

More Books!
yes

MIX
Papier aus verantwortungsvollen Quellen
Paper from responsible sources
FSC® C105338

Printed by Books on Demand GmbH, Norderstedt / Germany